公路施工安全教育系列丛书——工种安全操作
本书为《公路施工安全视频教程》配套用书

瓦斯检测员

安全操作手册

广东省交通运输厅 组织编写

广东省南粤交通投资建设有限公司
中铁隧道局集团有限公司　　主　编

人民交通出版社股份有限公司
China Communications Press Co.,Ltd.

内 容 提 要

　　本书是《公路施工安全教育系列丛书——工种安全操作》中的一本,是《公路施工安全视频教程》(第五册　工种安全操作)的配套用书。本书主要介绍瓦斯检测员安全作业的相关内容,包括:瓦斯基本知识,瓦斯检测员基本要求及注意事项,瓦斯检测员职责,常用瓦斯检测设备介绍,瓦斯检测的实施,瓦斯检测应急管理等。

　　本书可供瓦斯检测员使用,也可作为相关人员安全学习的参考资料。

图书在版编目(CIP)数据

　　瓦斯检测员安全操作手册/广东省交通运输厅组织编写;广东省南粤交通投资建设有限公司,中铁隧道局集团有限公司主编. — 北京:人民交通出版社股份有限公司,2018.12

　　ISBN 978-7-114-15042-5

　　Ⅰ.①瓦… Ⅱ.①广… ②广… ③中… Ⅲ.①瓦斯监测—安全技术—手册 Ⅳ.①TD712-62

　　中国版本图书馆 CIP 数据核字(2018)第 226227 号

Wasi Jianceyuan Anquan Caozuo Shouce

书　　　名:	瓦斯检测员安全操作手册
著　作　者:	广东省交通运输厅组织编写
	广东省南粤交通投资建设有限公司　中铁隧道局集团有限公司主编
责任编辑:	韩亚楠
责任校对:	宿秀英
责任印制:	张　凯
出版发行:	人民交通出版社股份有限公司
地　　　址:	(100011)北京市朝阳区安定门外外馆斜街 3 号
网　　　址:	http://www.ccpress.com.cn
销售电话:	(010)59757973
总 经 销:	人民交通出版社股份有限公司发行部
经　　　销:	各地新华书店
印　　　刷:	中国电影出版社印刷厂
开　　　本:	880×1230　1/32
印　　　张:	1.375
字　　　数:	37 千
版　　　次:	2018 年 12 月　第 1 版
印　　　次:	2018 年 12 月　第 1 次印刷
书　　　号:	ISBN 978-7-114-15042-5
定　　　价:	15.00 元

(有印刷、装订质量问题的图书由本公司负责调换)

致工友们的一封信

LETTER

亲爱的工友：

你们好！

为了祖国的交通基础设施建设，你们离开温馨的家园，甚至不远千里来到施工现场，用自己的智慧和汗水将一条条道路、一座座桥梁、一处处隧道从设计蓝图变成了实体工程。你们通过辛勤劳动为祖国修路架桥，为交通强国、民族复兴做出了自己的贡献，同时也用双手为自己创造了美好的生活。在此，衷心感谢你们！

交通建设行业是国家基础性和先导性行业，也是安全生产的高危行业。由于安全意识不够、安全知识不足、防护措施不到位和违章操作等原因，安全事故仍时有发生，令人非常痛心！从事工程施工一线建设，你们的安全牵动着家人的心，牵动着广大交通人的心，更牵动着党中央及各级党委、政府的心。为让工友们增强安全意识，提高安全技能，规范安全操作，降低安全风险，保证生产安全，我们组织开发制作了以动画和视频为主要展现形式的《公路施工安全视频教程》（第五册 工种安全操作），并同步编写了配套的《公路施工安全教育系列丛书——工种安全操作》口袋书。全套视频教程和配套用书梳理、提炼了工种操作与安全生产相关的核心知识和现场安全操作要点，易学易懂，使工友们能知原理、会工艺、懂操作，在工作中做到保护好自己和他人不受伤害。

请工友们珍爱生命，安全生产；祝福你们身体健康，工作愉快，家庭幸福！

广东省交通运输厅

二〇一八年十月

目录

CONTENTS

1 瓦斯基本知识 ……………………………………… 1

2 瓦斯检测员基本要求及注意事项 ………………… 4

3 瓦斯检测员职责 …………………………………… 7

4 常用瓦斯检测设备介绍 …………………………… 11

5 瓦斯检测的实施 …………………………………… 21

6 瓦斯检测应急管理 ………………………………… 31

1 PART / 瓦斯基本知识

瓦斯是指煤系地层内以甲烷为主的有毒有害气体的总称。

瓦斯特性:有毒有害、无色、无味、无臭的气体,密度比空气小,易集聚在隧道的上部及高顶处,扩散性强。瓦斯达到一定浓度时,能使人因缺氧而窒息,会发生燃烧爆炸。

· 瓦斯密度:0.716kg/m³
· 空气密度:1.29kg/m³
· 有毒有害
· 无色
· 无味
· 无臭

　　隧道内有毒有害气体主要有甲烷、一氧化碳、二氧化碳、二氧化氮、二氧化硫、硫化氢、氨气、氢气和重烃等。

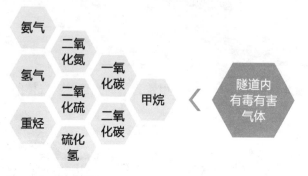

　　瓦斯对隧道施工的危害主要有：中毒窒息、瓦斯燃烧爆炸、污染环境和温室效应等。

中毒窒息　　瓦斯燃烧爆炸

污染环境　　温室效应

　　瓦斯检测是对隧道内瓦斯及其他有害气体的浓度、变化情况等进行检测、统计并预警的工作;通过对瓦斯等有害气体的检测,监控其浓度及危险性,确保瓦斯隧道施工安全。

瓦斯检测

瓦斯数据报表

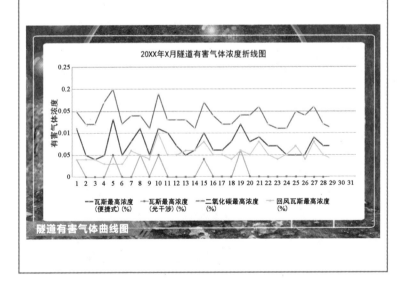

隧道有害气体曲线图

2 PART / 瓦斯检测员基本要求及注意事项

人 员 要 求

瓦斯检测员须取得特种作业操作资格证后方可上岗。

进入瓦斯隧道前,须正确佩戴劳动防护用品(安全帽、防毒口罩、反光背心、自救器等)。

作 业 要 求

(1)台架上瓦斯检测时,须注意工具的存放和人员上下爬梯安全。

(2)围岩破碎地带瓦斯检测时,须注意围岩稳定情况,防止落石伤人。

(3)检测作业时,应注意避让机械设备和车辆。

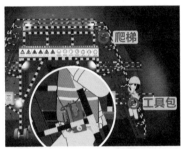

注 意 事 项

⚠ 严禁穿化纤衣物进入瓦斯隧道。

⚠ 严禁酒后、带病作业。

⚠ 严禁携带火种、易燃物品进入瓦斯隧道。

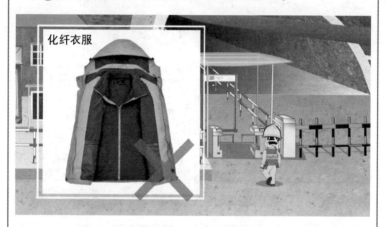

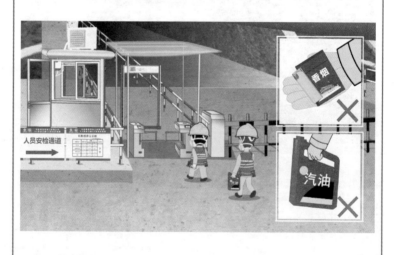

3 PART / 瓦斯检测员职责

遵守有关安全法律、法规和企业规章制度,遵守劳动纪律,严格执行《煤矿安全规程》《公路工程施工安全技术规范》等相关瓦斯隧道施工安全要求。

建立瓦斯检测设备管理台账,做好设备保管、维护、送检校正等工作,确保瓦斯检测设备状态良好。

中铁隧道局集团xxxx高速公路xxx项目部

瓦斯检测设备管理台账

日期: 年 月 日

序号	管理编号	使用项目	仪器名称	型号	出厂编号	制造厂商	最近检定日期	检定周期	状态	备注
1	YQ-1-01	瓦斯检测	光干涉式瓦斯检测仪	CJG10-100	5755	XXX工矿机械设备有限公司	XX年XX月XX日	每年	正在使用	···
2	YQ-2-01	瓦斯检测	便携式瓦斯检测仪	CJY425	334941	XXX工矿机械设备有限公司	XX年XX月XX日	每月1次/每年	正在使用	···
3	xxxx	xxxx	xxxxxxxx	xxxx	xxxxxxxx	xxxxxxxx	xxxxxxxx	xxxx	xxxx	
4	xxxx	xxxx	xxxxxxxx	xxxx	xxxxxxxx	xxxxxxxx	xxxxxxxx	xxxx	xxxx	
5	xxxx	xxxx	xxxxxxxx	xxxx	xxxxxxxx	xxxxxxxx	xxxxxxxx	xxxx	xxxx	

了解各类瓦斯检测设备工作原理并能熟练使用设备,熟悉隧道内瓦斯自动监测系统的设置及部署情况。

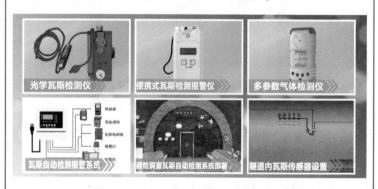

按规定频次对瓦斯及其他有害气体开展检测、记录及统计分析。

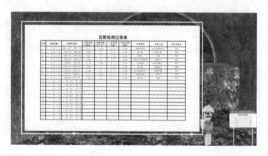

对使用的各类手持式及自动检测设备应经常进行数据交互验证,确保检测数据的准确。

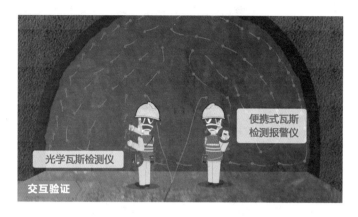

对通风、防尘、防火、防突、瓦斯抽排等隐患及安全设施的工作状态进行检查,发现问题及时报告处置。

　　熟悉瓦斯隧道有关应急避险处置程序和措施,配合现场正确处置突发风险。

　　严格执行交接班制度,填写交班记录,重大问题应及时专项报告。

广东省XXXXX高速公路	瓦斯检测员交接班记录表									
瓦斯检测交接班制度								年　月　日		
	序号	瓦斯检测情况							通风情况	其他需交接内容
		开挖、初支作业	衬砌作业区	动火作业区	抽排作业区	洞室区域	电气设备区			
	1	正常	正常	正常	正常	正常	正常	正常		20分钟后××地点要动火,请及时安排检查
	2									
	3									
	4									
交班人：×××　　　　　　　　　　　　　　　　　　　接班人：										

4 PART 常用瓦斯检测设备介绍

4.1 光学瓦斯检测仪

（1）**特点**：测量精度高、操作简单快捷、使用方便。

（2）**结构组成**：由气路系统、光路系统、电路系统等组成。

气路系统　　　光路系统　　　电路系统

（3）**原理及分类**：利用光干涉原理，测量甲烷、二氧化碳等气体浓度的仪器；按测量范围分为：0%～10%和0%～100%。

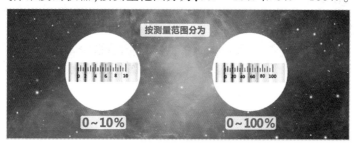

按测量范围分为

0～10%　　　0～100%

使用注意事项

外观检查:外观良好(胶管无老化)、附件齐全,连接可靠(气路不漏气)、药品有效(变色硅胶颗粒明显变色,钠石灰颗粒由粉红色变成浅色等为失效)。

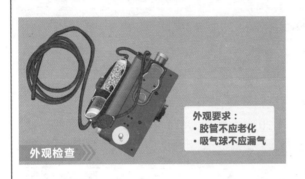

外观要求:
· 胶管不应老化
· 吸气球不应漏气

外观检查

1. 外观检查
2. 电路检查
3. 条纹检查
4. 刻度盘检查
5. 气密性检查
6. 零点调节

检测设备使用注意事项

电路检查:按动光源电门,检查两个刻度盘内的背光照明是否正常。

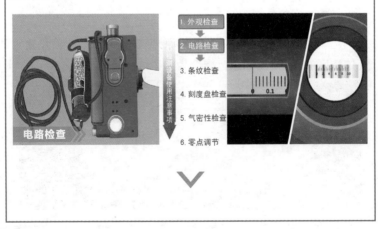

电路检查

1. 外观检查
2. 电路检查
3. 条纹检查
4. 刻度盘检查
5. 气密性检查
6. 零点调节

检测设备使用注意事项

0.1

条纹检查:转动调节手轮干涉条纹能全量程移动,亮度均匀、条纹清晰,无闪跳、干扰等情况。

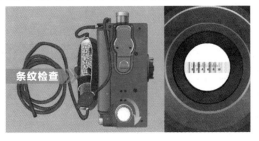

刻度盘检查:调节目镜可看到全部分度线和分度数字。

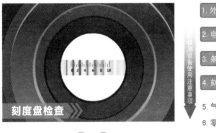

气密性检查:将待检仪器吸气球捏扁,用手捏紧胶管进气口,松开吸气球,若吸气球持续保持扁平状态,则气路气密性完好。

（4）**零点调节**：零点调节应在有新鲜空气的地方操作。先将仪器的微分度盘归零,捏压吸气球吸入新鲜空气,再使用调节旋钮使主刻度盘归零。

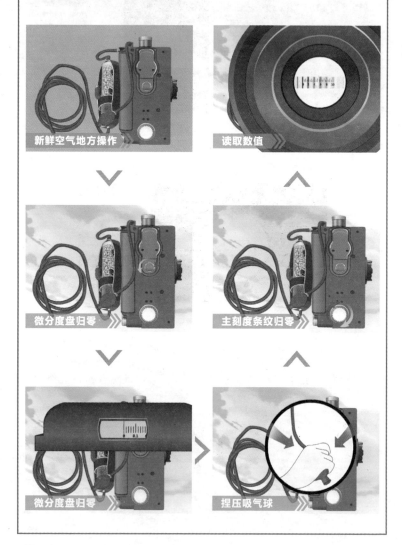

新鲜空气地方操作

读取数值

微分度盘归零

主刻度条纹归零

微分度盘归零

捏压吸气球

（5）**瓦斯检测方法**：将胶管伸至检测部位捏压吸气球多次，按住光源电门，观察光谱移动距离，读取瓦斯数值。

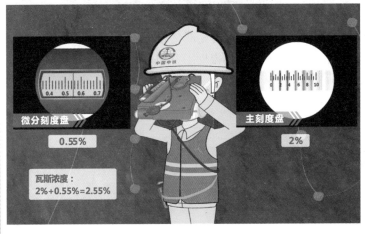

4.2 便携式瓦斯检测报警仪

（1）**特点**：仪器反应灵敏、结构简单、使用简便、具有声光报警功能；但相对光干涉瓦斯检测仪数据存在一定误差。

（2）**主要功能**：具备瓦斯浓度检测及超限报警功能，报警限值可预先设定。

（3）**工作原理**：利用内置催化燃烧探头，在氧气、瓦斯的催化作用下温度升高，根据温度上升引起的电阻值变化测定空气中瓦斯浓度。

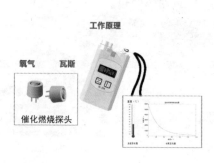

（4）**瓦斯检测方法**：将设备置于检测部位，打开仪器开关按钮，等待 15s 左右，即可读取瓦斯浓度。

4.3 多参数气体检测仪

（1）**特点**：结构简单、使用简便、具有声光报警功能。

（2）**工作原理**：同便携式瓦斯监测报警仪相同，内置多个探头，可同时检测氧气、瓦斯、一氧化碳、硫化氢等多种气体的浓度。

（3）**瓦斯检测方法**：将设备置于检测部位，打开仪器开关按钮，等待 15s 左右，即可读取多种气体浓度的数值。

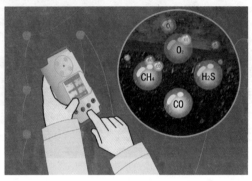

4.4 瓦斯自动监测系统

（1）**特点**：自动连续监测、集成度高，可自动报警及联动控制。

（2）**结构组成**：由传感器、信号传输系统、数据处理系统、执行装置等组成。

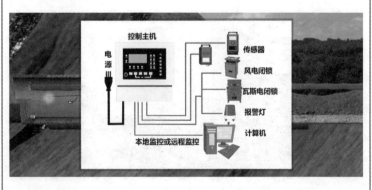

（3）**主要功能**：对瓦斯隧道内有毒有害气体浓度、粉尘含量、温湿度、风速等数据进行自动监测、传输、分析、报警等功能。

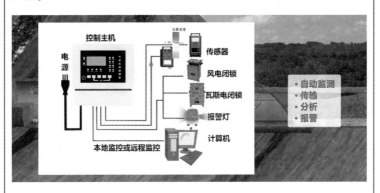

（4）**工作原理**：使用计算机及配套程序实现对瓦斯隧道内各类传感器的检测数据采集、处理、存储，自动生成图形并显示，生成各类统计报表供查询，故障及异常数据自动报警，联动控制瓦电闭锁、风电闭锁动作等功能，达到实时监测瓦斯隧道安全生产状态的目的。

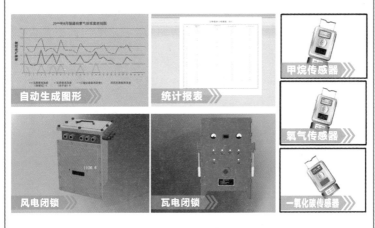

● 使用注意事项:必须定期由专业人员进行校验、标定。

5 PART / 瓦斯检测的实施

5.1 瓦斯重点检测部位的要求

（1）**隧道内各工作面**：如掌子面开挖、初期支护、仰拱作业、防水板挂设、衬砌施工等，采用"五点法"（隧道顶部、腰部两侧、底部两侧）检测瓦斯（含二氧化碳）浓度，取最大值为该断面瓦斯浓度。

掌子面开挖

初期支护

仰拱作业

防水板挂设

衬砌施工

取五点中最大浓度为该处瓦斯（含二氧化碳）浓度。

五点法瓦斯检测断面图

（2）隧道内洞室、衬砌台车和有明显凹陷等易发生瓦斯积聚的部位，及隧道已通过地层存在围岩破碎、煤线、裂隙发育等易发生瓦斯逸出的地段。

（3）瓦斯隧道内动火作业点、内燃机具、变压器、电气设备及开关等 20m 范围内。

动火作业点

变 压 器　　　　　　　　开　　关

内 燃 机 具　　　　　　电 气 设 备

挖掘机　　装载机　　输送泵　　注浆机

渣土车　　混凝土罐车　　喷浆机　　局部通风机

（4）在隧道进行超前钻孔时,必须在钻孔附近持续进行瓦斯检测。

持续监测

设置瓦斯自动监测系统传感器的部位。

序号	瓦斯自动监测系统传感器设置要求
1	垂直悬挂在隧道拱部(距离拱部不大于30cm,距隧道侧壁不小于20cm)
2	严禁挂在风筒出风口和风筒漏风处
3	瓦斯传感器布置在隧道顶板坚固、无淋水、安装维护方便处
4	高瓦斯和煤与瓦斯突出隧道开挖工作面长度大于1000m时,必须每隔500~1000m增设一台甲烷传感器
5	开挖工作面回风流、回风通道应设置甲烷传感器
6	回风流区域内临时施工的电气设备上风侧10~15m处应设置甲烷传感器

瓦斯检测作业要求

（1）洞室瓦斯检测应深入至最里面，变断面处瓦斯检测应升至最高处。

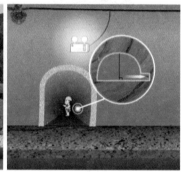

（2）非防爆电气设备进洞及使用前，由瓦斯检测员对瓦斯浓度进行检测，确认安全使用条件；使用中全过程检测瓦斯浓度，一旦发现超限应立即断电停机。

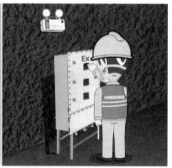

（3）爆破作业必须严格执行"一炮三检"（装药前、爆破前、爆破后瓦斯检测）和"三员联检"（安全员、瓦检员、爆破员三员）制。

（4）爆破并按规定进行通风后，应先由瓦检员自洞口至工作面依次进行瓦斯检测，确认安全后恢复施工。

⚠ 低瓦斯及高瓦斯区段爆破后通风排烟不低于15min。

瓦斯突出区段爆破后通风排烟不低于30min。

(5)施工过程中需进行动火作业时,应执行动火审批制,由瓦检员、安全员确认安全后方可作业。

　　检测频率:瓦斯检测实行三班制巡回检测制度,并根据瓦斯检测结果适时调整检测频率。

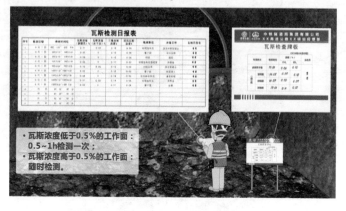

　　· 瓦斯浓度低于0.5%的工作面:
　　0.5~1h检测一次;
　　· 瓦斯浓度高于0.5%的工作面:
　　随时检测。

5.3　瓦斯检测数据管理

　　(1)检测数据记录要求

　　①记录翔实、完整。

　　②严禁假检、随意填写和涂改数据。

（2）数据出现不一致时

当出现两种或多种仪器数据不一致时,应进行多次复检后取最大值进行处理。

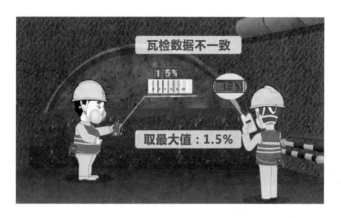

（3）检测数值超限时

立即报告,并配合现场采取应急处理措施。

(4)数据处理

须及时将检测数据在作业现场及洞口进行公示。

协助瓦斯检测管理人员及时整理瓦斯检测数据,形成统计分析报表并存档备查。

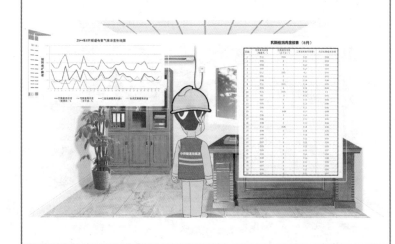

6 PART / 瓦斯检测应急管理

（1）瓦斯超限和积聚的原因
①通风机停止运转、风量不足或局部出现循环风等。
②特殊地层（断层、煤层、岩溶等）出现瓦斯涌出。
③隧道内洞室、衬砌台车和隧道内凹陷处局部通风不良。

（2）瓦斯超限处理措施

低瓦斯区段任意位置、局扇及电气开关 20m 范围,瓦斯**浓度达到 0.5％时**,附近 20m 范围立即停工、停机,加强通风并持续检测。

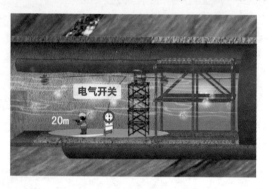

开挖工作面风流、各工作面回风流、爆破后工作面风流瓦斯**浓度达到 1.0％时**,应对应采取停止钻孔、停工撤人或禁止人员进入等措施,并持续加强通风和检测工作。

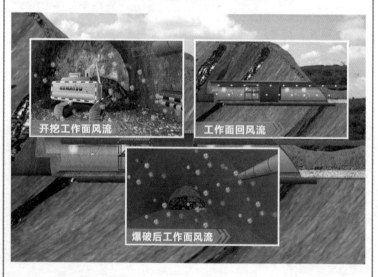

电动机及开关附近 20m 范围瓦斯**浓度达到 1.5%时**,应停机断电撤人,加强通风和检测。

局部瓦斯积聚且**浓度达到 2.0%时**,超限处附近 20m 停工断电撤人,加强通风和检测。

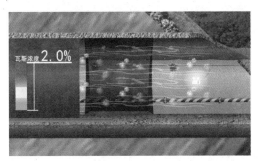

瓦斯隧道检测过程中发现硫化氢、一氧化碳等有毒有害气体超标时,立即停止工作,撤出所有人员,上报处理。

（3）瓦斯积聚处理措施

人员严禁进入瓦斯浓度积聚超限区，可采用变风量送风的方法逐步排出超限瓦斯。

对瓦斯易于积聚的空间和衬砌模板台车附近的区域，可采用空气引射器、气动风机等设备，实施局部通风的方法，消除瓦斯积聚。

排放瓦斯时,应加强风机处的瓦斯浓度检测,防止污风循环。

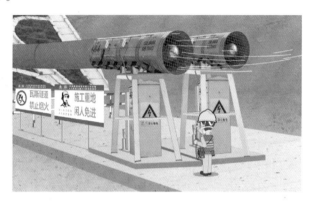

瓦斯检测员安全口诀

瓦斯风险大　有毒能爆炸

坑凹和台架　检查不落下

仪器状态佳　每班不出岔

数据不作假　浓度在限下

控火和通风　两手都要抓

险情及时化　平安保大家